蜂鸟

[美] 梅利莎·吉什 著

陈茜颖 译

浙江出版联合集团

浙江文艺出版社

Published in its Original Edition with the title
Hummingbirds
Copyright © 2012 Creative Education.
This edition arranged by Himmer Winco
© for the Chinese edition：Zhejiang Literature and Art Publishing House

本书中文简体字版由北京 永固兴码 文化传媒有限公司独家授予
浙江文艺出版社有限公司。
版权合同登记号：图字：11-2015-324号

图书在版编目（CIP）数据

蜂鸟／（美）梅利莎·吉什著；陈茜颖译．—杭州：
浙江文艺出版社，2018.1
ISBN 978-7-5339-3901-4

Ⅰ．①蜂… Ⅱ．①梅… ②陈… Ⅲ．①雨燕目－儿童
读物 Ⅳ．①Q959.7-49

中国版本图书馆CIP数据核字（2017）第020433号

策划统筹　诸婧琦　　责任编辑　陈富余
装帧设计　杨瑞霖　　责任印制　吴春娟

蜂鸟

作　者　[美] 梅利莎·吉什
译　者　陈茜颖

出　版　浙江出版联合集团　浙江文艺出版社
地　址　杭州市体育场路347号
网　址　www.zjwycbs.cn
经　销　浙江省新华书店集团有限公司
印　刷　上海中华商务联合印刷有限公司
开　本　889毫米×1194毫米　1/12
印　张　4
插　页　4
版　次　2018年1月第1版　2018年1月第1次印刷
书　号　ISBN 978-7-5339-3901-4
定　价　29.80 元（精）

六月的下旬，一轮红日喷薄而出，
　　　　草叶上闪动着晶莹的露珠。

成片的花海之上，蝴蝶们像一艘艘微型帆船，
在无形的海浪中起舞。

六月的下旬，一轮红日喷薄而出，草叶上闪动着晶莹的露珠。成片的花海之上，蝴蝶们像一艘艘微型帆船，在无形的海浪中起舞。蜜蜂们也在半空中蹁跹，围绕着娇艳的花黄高秆和纤细的紫金菊茎盘旋，有时停下来与怒放的花朵亲密接触，腿上沾满了采集到的花粉。

两只红玉喉北蜂鸟一飞冲天，不一会儿又俯冲而下，一同朝着一簇（cù）簇盛开的金凤花飞去，像是掷于空中的两颗宝石。雄性蜂鸟尤其霸道，它们不与同伴分享觅食区，于是一场领地之争便拉开了帷幕。其中一只先发制人，朝着另一只径直冲去，另一只轻巧地向上飞起躲开。敌我双方相互追逐、周旋，直到一方知难而退，飞向另一片锦簇的花团。

它们住在哪儿

■ 红玉喉北蜂鸟
北美洲东部与中西部

■ 叉扇尾蜂鸟
秘鲁北部

■ 冠头蜂鸟
中美洲

■ 饰领蓬腿蜂鸟
哥伦比亚

■ 剑嘴蜂鸟
南美洲北部

■ 宽尾煌（huáng）蜂鸟
北美洲南部与西部

■ 隐蜂鸟
墨西哥南部至阿根廷

■ 紫喉加利蜂鸟
小安的列斯群岛

超过 320 种蜂鸟分布在西半球，从南阿拉斯加至阿根廷。南美洲的哥伦比亚蜂鸟种类最多，有 160 多个品种，而与之相邻的厄瓜多尔有 130 多种。图中彩色方块标注的位置就是以上 8 种蜂鸟常出没的地区。

空中宝石

蜂鸟是地球上最小的鸟类。由于它们色彩缤纷的羽毛和独特的飞行技巧，蜂鸟成为我们星球上最迷人、最妍美的生物。彩虹有的颜色，蜂鸟身上都有。它们的羽毛闪着彩虹般的光，其原理是，光线在羽毛表面产生反射，散发出各种耀眼的色彩，就像肥皂泡多彩的原理一样。人们之所以叫它们蜂鸟，是因为它们在振翅飞翔时所发出的嗡嗡声酷似蜜蜂。

现存的 320 多种蜂鸟都属于蜂鸟科，名字来自古希腊单词 *trochilos*，意思是"小鸟"。单从品种数目上来说，蜂鸟科屈居次席，落后于霸鹟科。

蜂鸟分布在西半球，从美国阿拉斯加州到阿根廷一带，不过大部分集中在南美洲，只有不到 20 个品种在北美洲生活。许多北方的蜂鸟品种都是候鸟，会迁徙。雄性蜂鸟会比雌性蜂鸟早几周迁徙，以便抢占食物丰沛的领地，等待配偶的到来。每年秋天，红玉喉北蜂鸟从北美洲东部地区

人们可以在海拔约 4000 米的高度发现墨西哥和中美洲的绿色紫耳蜂鸟的身影。

西班牙人称蜂鸟是"飞翔的宝石"。

大部分哺乳动物拥有7节椎骨或颈骨，而蜂鸟可能有14或15节。

雄性齿嘴蜂鸟长着锋利尖锐的喙，像个钩子一样，可以把叶子和树洞里的昆虫衔进嘴里。

飞向中美洲过冬，平均每天飞行 32 千米。

蜂鸟的近亲是雨燕。这两种鸟都属雨燕目。"雨燕"这个词的原意是"无足的"。从属于雨燕目下的鸟类的脚很小，而且没什么力气，不能像其他鸟类那样在地面上行走。它们的一生要么在枝头栖息，要么在空中飞行。起飞之后，蜂鸟不能在空中滑翔，它们必须持续拍打翅膀，保持飞行状态。

蜂鸟像其他鸟类一样，是恒温动物，可以通过喘息散热和震颤取暖来调节体温。这意味着不管环境温度如何变化，它们都能保持相对稳定的体温。一些鸟类，包括几个蜂鸟的品种，低温下甚至还会冬眠。平常，蜂鸟的心脏每分钟可能要跳动一千多次，为了保存能量，冬眠的蜂鸟心率会降到每分钟 50 次。

活跃的蜂鸟需要消耗大量的能量，因此它们每天吃下的食物相当于自己体重的三分之二。蜂鸟是杂食动物，它们既吃动物也吃植物。花、花蜜、树液可以提供产生能量的碳水化合物；昆虫和蜘

紫长尾蜂鸟数量充足，主要分布
在哥伦比亚和厄瓜多尔的森林里。

吸蜜蜂鸟是地球上体形最小的鸟，它们只在古巴陆地及其周边的青年岛上生活。

蛛等动物能够提供脂肪和蛋白质，用于组织肌肉和保护器官。

在所有的鸟类中，蜂鸟的胸肌最强壮，它们的肌肉占了体重的三分之一。它们虽然个头小，却是最矫健的飞鸟。

不同种类的蜂鸟之间体形差别很大。古巴的吸蜜蜂鸟个头最小，体重仅有 1.7 克，还不如 5 角硬币的重量，身长也仅有 2.5 厘米，但要是把尾巴和喙（huì）都算进去，其长度可以增加一倍。最大的蜂鸟是生活在南美洲最长山脉——安第斯山脉的巨蜂鸟。虽然能长到超过 20 厘米，体重也不过 21.3 克。

蜂鸟的喙的长度取决于它通常采食的花朵类型。以小而宽的花朵为食的蜂鸟，喙相对较短，而采食长管状花朵的蜂鸟需要有较长的弧形喙。蜂鸟的喙的弧度也取决于花的弧度，所以有些蜂鸟，喙只有一点点弧度，有些则弧度比较大。例如，剑嘴蜂鸟的喙长将近 10 厘米，比它的身体还要长，

剑嘴蜂鸟是唯一一种喙超过了总身长的鸟类。

而喙仅有一点点向上的弧度，这可以帮助它们采到悬垂的西番莲的蜜，那是它们最爱的食物。

蜂鸟的喙由角蛋白组成，与人类手指甲的成分相同。为了觅食，蜂鸟微微张开喙，伸出长长的舌头。它们的舌头像是吸管，不过蜂鸟采食花蜜的原理同人类通过吸管吮吸液体并不一样。蜂鸟的舌头有一半可以分叉，每一个叉都有一些纹路，上面覆盖着一些细小的绒毛，可以用来吸取花蜜，就像用纸巾去吸取溢出的液体一样。之后

花蜜就顺着绒毛，进入蜂鸟的嘴巴。

蜂鸟没有嗅觉，只能凭借它们敏锐的视觉来捕食昆虫和寻找花蜜。红色的花朵通常是最佳选择，可能是因为它们在绿叶的映衬下格外夺目。蜂鸟当然也会从其他颜色的花朵中觅食，只要花蜜的糖含量达到 25% 就可以。蜂鸟的新陈代谢极快，每天需要采食多达 1000 朵花的蜜才能填饱肚子。

与其他食用昆虫的鸟类不同，蜂鸟由于喙太

剑嘴蜂鸟给西番莲授粉，助其结成果实。西番莲的果实是野猪的食物来源之一。

绿隐蜂鸟的喙长4厘米，向下弯曲30度，能够更好地获取花蜜。

长，没法快速地活动，所以它们不能通过快速闭上嘴巴，用喙的尖端来捕捉虫子。蜂鸟只有下喙能动，可以向下弯曲，喙头处变宽，就像棒球比赛里接球手的手套一样。蜂鸟就用这种形状的嘴巴，在空中或者树枝上把昆虫和蜘蛛等动物捞起来吃掉。

蜂鸟的大眼睛位于头部的两侧。它们既可以向前直视，又可以往两侧观望。像其他鸟类的眼睛一样，蜂鸟的眼睛受到第三眼睑（jiǎn，第三眼睑又叫瞬膜，一种透明的内侧眼皮）保护。蜂鸟还有厚厚的眼睫毛，实际上就是一簇簇微小的羽毛，用来保护眼睛，这样它们在飞行过程中就不怕灰尘和碎片了。

蜂鸟的飞行方式与众不同，其他所有的鸟类都无法以蜂鸟的方式飞行。它们不仅可以上下飞、侧飞、向前飞、倒飞，还能静止悬空。蜂鸟肩部的关节使得它们能够以八字形旋转翅膀。它们能够以每秒80下的高速拍打翅膀的方式悬停在空

中，以每小时 48 千米的平均速度飞行，俯冲时速度可以加快一倍。

棕煌蜂鸟在墨西哥和南阿拉斯加之间迁徙，与其他蜂鸟相比，它们筑巢的地点最靠北。

想要交配的雄性蜂鸟可能会在雌性蜂鸟面前周旋，以展示它们的力量，炫耀它们的羽毛。

光彩夺目的杂技演员

大部分蜂鸟的寿命在4—6年，但是鸟类学家发现，有些蜂鸟可以活得更久。在位于美国马里兰州劳尔市的帕塔克森特野生动物研究中心里，研究人员将分类小标签贴在鸟的脚上，监视它们的一生，通过这种方法来研究鸟类的寿命。1976年，研究中心在一只宽尾煌蜂鸟身上贴上了标签，12年以后又重新抓到了它，这是有记录以来寿命最长的一只蜂鸟。

蜂鸟1岁时发育成熟，准备进行交配。通常，在一个特定的区域，雌性蜂鸟要比雄性蜂鸟多，如此一来，一只雄性蜂鸟可以同多只雌性蜂鸟交配。为了寻找交配对象，蜂鸟会进行求偶仪式，同时也是一场飞行表演秀。高超的飞行技巧无疑是雄性蜂鸟综合能力的体现，意味着它们能养育健康的后代，保卫来之不易的领地。

它们最重要的飞行展示就是俯冲。雄性蜂鸟直冲云霄——高达15米——随后用最快的速度俯

雄蜂鸟为了求偶会做出高速俯冲的动作，结束俯冲的瞬间要承受其自身体重九倍的重力。

蜂鸟的正常体温为40.6℃，但在冬眠期它们的体温可以降至19℃。

冲向雌性蜂鸟，最后悬停在雌性蜂鸟面前，响亮地拍打翅膀，叽叽喳喳叫个不停，然后一直重复，直到它觉得雌性蜂鸟已经完全被自己吸引。

在求爱的过程中，雄性蜂鸟有可能会悬停在半空中，与雌性蜂鸟面对面，持续好几分钟，让雌性蜂鸟可以以此来判断它的力量和技巧。接着，它会在雌性蜂鸟旁边着陆，用喙去试探。假如雌性蜂鸟不喜欢它，就会立刻飞走；如果喜欢，就会四目相觑，嘴巴一张一合，一刻不停。在交配之前，它们两个会依偎在一起休息片刻。交配之后，雌性蜂鸟便开始忙着搭建巢穴，而雄性蜂鸟则去寻找这片区域的其他雌性蜂鸟。

有时，蜂鸟会重新使用前一年建好的巢穴，或者重建破旧的巢穴。当需要建新巢穴的时候，蜂鸟通常会选择坐落在水域边或空旷区域的叉形树枝上。这种位置会给鸟儿们一个清晰的视野，随时可以观察到靠近的敌人。有些品种的蜂鸟会建造一些圆形巢穴，悬挂在树枝下，或倚靠着建

喙对喙接触被称为鸟嘴接触，用来增进交配双方的关系。

筑物的侧面，不过祖母绿蜂鸟会把巢穴建在悬挂的藤蔓中间，就像一个微型的篮子。其他品种的蜂鸟也会搭建形状各异的鸟巢，比如隐蜂鸟，它们的巢穴是圆锥形的，挂在植物的底部。

雌性蜂鸟交配完成后，它最多会用七天时间来建造自己的巢穴，一天工作几个小时，每个小时来回数趟，用喙搬运建筑材料。这些材料包括干草、树枝、苔藓（tái xiǎn）、羽毛和皮毛。当它把所有的东西安置妥当后，还会用从蜘蛛网里精心收集来

叉扇尾蜂鸟是一种濒临灭绝的珍稀动物，它们出没于秘鲁北部的偏远河谷。

的黏性丝线将所有的材料捆绑在一起。

一般圆形蜂鸟巢穴大约有 6.4 厘米高，内部仅有 3.8 厘米宽。总的说来，鸟巢有大有小。巢穴基本成型后，蜂鸟会用自己的身体按压巢穴的内壁，用翅膀和尾翼拉扯边缘，再用自己的脚踏实鸟巢的地板，使柔软的巢穴呈现出完美的形状。之后它就开始产蛋，两个蛋之间间隔 48 小时。

巢中只能够容纳两个豌豆般大小的鸟蛋和蜂鸟妈妈。蜂鸟妈妈每个小时都会离开巢穴一次，时间不会超过 10 分钟，这段时间仅够它找到保存充足体力的食物。它的雄性配偶则负责保卫食物领地，因此雌性蜂鸟不需要到太远的地方觅食。

像所有其他的鸟蛋一样，当小蜂鸟在蛋壳里发育的时候，蜂鸟蛋必须处于被孵育或保暖的状态。不同的蜂鸟孵化时间不同，一般都在两到三周之间。出生时，小蜂鸟用卵齿啄开坚硬的蛋壳。刚出生的小蜂鸟没有绒毛，身上光秃秃的，眼睛也看不见。大多数品种的小蜂鸟体重还不到6克。它们完全依赖母体的温度和保护，所以蜂鸟妈妈每次去觅食只能离开宝宝几分钟。

蜂鸟成长速度非常快，三天内体形可以增长一倍。再过三天又可以大一倍，等到第八天时，羽毛就可以长出来。于是它们在巢穴中也可以保持温暖了，鸟妈妈便可以有更多时间出去找食物。

为了喂养幼鸟，蜂鸟妈妈需要将食物部分消化。它会抓一些自己领地里的小昆虫，收集花蜜和花粉，存在自己的嗉囊（sù náng）里带回巢，然后把这堆软化了的混合物呕出来，喂给它的幼

蜂鸟的巢穴通常非常脆弱，难以维持超过一个繁殖期。

秘鲁的叉扇尾蜂鸟有两片长尾羽，末端有大的圆盘，可以独立移动。

装有两只幼鸟的蜂鸟巢很轻，仅有大约7克。

鸟吃。幼鸟的成长需要大量能量，它们常常感到饥饿，所以吃起东西来狼吞虎咽。两周大时，年幼的蜂鸟有了一副全新的羽毛，它们开始通过拍打翅膀来锻炼肌肉。接下去的一两周，它们会继续成长，增强体力。一个月以后，年幼的蜂鸟就会准备离开巢穴，开始自己的觅食之路。

刚孵出的幼鸟死亡率很高。活过一年的只有一半。松鼠和其他一些小型哺乳动物，以及蛇，甚至是一些昆虫为了偷鸟蛋吃，会去攻击蜂鸟的巢穴。年幼的蜂鸟也有可能在觅食的时候出差错，无法获取生存所需的足够的营养。不过因为它们飞行速度快，飞行中的蜂鸟相对安全。正在睡眠中的蜂鸟容易受到蛇和其他体形稍大的鸟类的攻击——尤其是茶隼（sǔn），这种鸟体形不是很大，但行动非常敏捷。一些比较小的蜂鸟品种还会成为螳螂的猎物。螳螂作为一种猎食的昆虫，会趴在花和树叶上一动不动，等到蜂鸟靠得很近时把它们捉住。此外，蜂鸟还会死于疾病，如禽痘或各种各样的真菌感染。

2005 年，人们发现了哥伦比亚彩毛腿蜂鸟，不过由于人类滥伐林木，它们已经濒临灭绝。

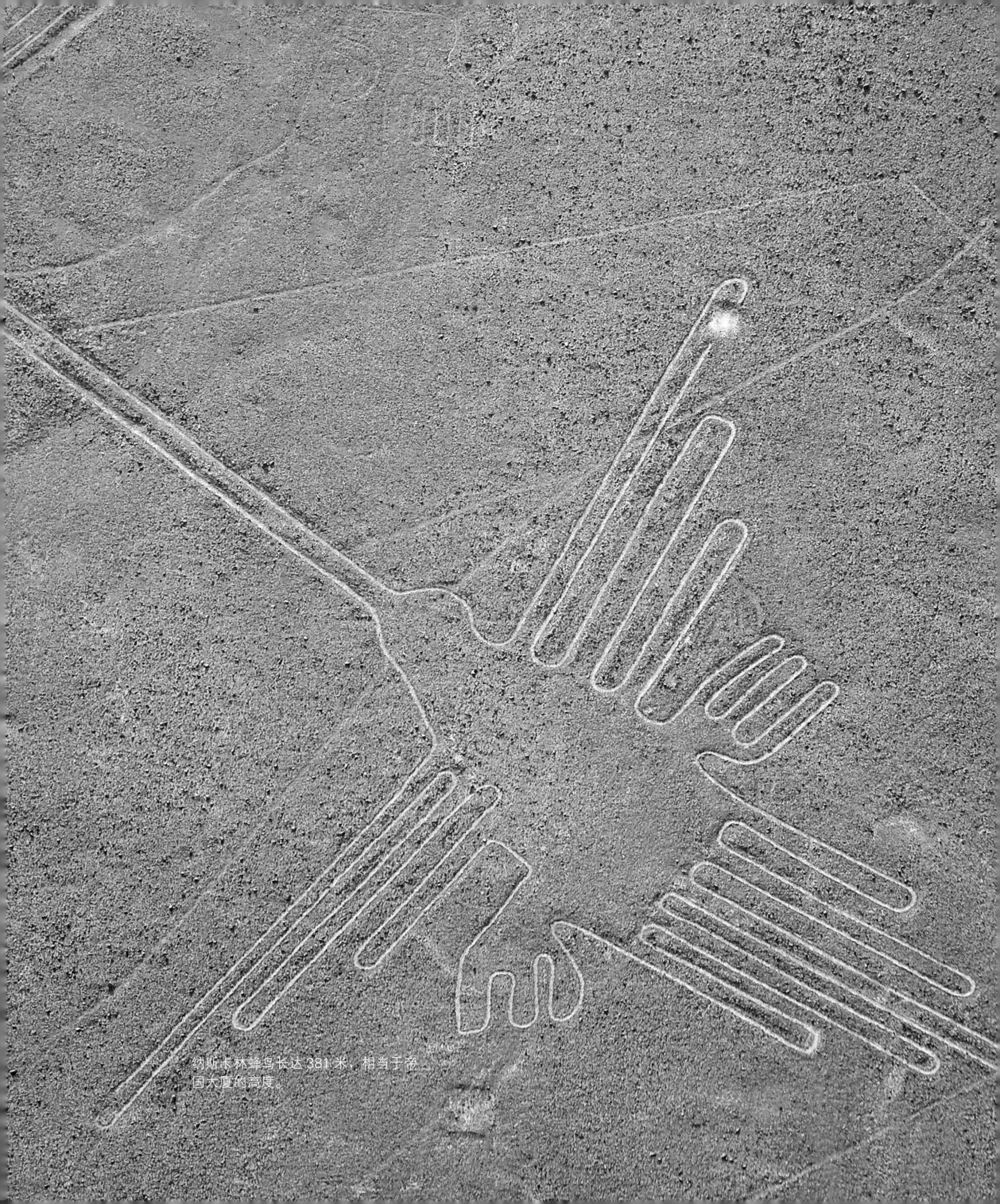

纳斯卡林蜂鸟长达 381 米，相当于帝国大厦的高度。

蜂鸟战士

世界上很多文化中，蜂鸟都是力量和速度的象征。它们虽然个头小，生性温和，但为了自己的领土和巢穴，蜂鸟会死战到底。就由于这个原因，加勒比海的泰诺人——1492年克里斯托弗·哥伦布首次到访新大陆时遇到的第一个民族——就把自己的士兵称作蜂鸟战士，这是一群爱好和平的年轻人，可是一旦有需要，就会鼓起勇气，铆足力气保卫自己的国土免受侵略。泰诺人还认为蜂鸟是重生的象征，会在他们的土地上播撒生命。

阿兹特克人有一个部落名叫墨西加，从公元14世纪到16世纪早期统治着墨西哥南部，他们的主神名叫维齐洛波奇特利，意思是"左撇子蜂鸟"，一直影响着他们的文化。维齐洛波奇特利既是太阳神也是战神，墨西加人相信他会引领战死沙场的灵魂穿越天空，把它们化为蜂鸟。

在蜂鸟对人类文化的影响中，最古老神秘

雄性蜂鸟会为了雌性发生争斗，不管是雄性还是雌性，都会为了领土和食物英勇奋战。

维齐洛波奇特利的画像,这位阿兹特克人的主神身着斗篷,头盔上有蜂鸟羽毛做装饰。

的例子要算秘鲁南部沙漠上绘制的巨型蜂鸟图腾,属于纳斯卡线条的一部分。纳斯卡线条由一系列的几何图案组成,是刻在大地上的图画:首先刮去红色岩层的表面,露出下面的浅色岩层,蜂鸟的轮廓就这样产生了。这些石刻画有两千多年的历史,由纳斯卡人在公元前200年到公元600年刻画而成。

在纳斯卡线条的图案当中包含了猴子、蜘蛛、树木等等,由于图案十分巨大,从地面观看并不明显,所以直到20世纪20年代,飞机首次穿越沙漠的时候才被发现。没人知道纳斯卡人为什么会创作如此巨型的艺术作品,大到他们自己都无法看清全貌,不过大部分研究人员认为此类遗迹有特殊的精神意义,因为四周有不少纳斯卡人的坟墓。

对于南北美洲的许多土著居民来说,蜂鸟是一个神圣的象征。人们认为蜂鸟是欢乐的劳动者,生活在北美洲太平洋西北地区的海达族人认为蜂

古代的工艺品上，比如
纳斯卡人制造的罐子，
常绘有蜂鸟的图案。

蜂鸟的大脑占身体的比例是鸟类中最大的，占据了体重的 4.2%。

鸟是幸运和快乐的象征。美洲印第安部落霍皮人和祖尼人的神话故事解释了蜂鸟如何从众神那里带来雨水，帮助人类。直到今天，一些陶艺家还常常会绘制带有蜂鸟图案的水壶，来表示对蜂鸟的谢意。

在一些文化中，蜂鸟格外受欢迎。在西班牙探险者抵达美洲之前，布雷佩查人统治着墨西哥南部太平洋沿岸的广大领土。15 世纪时，辛祖坦（意思是蜂鸟的地盘）这座城市还是他们繁华的首都，到处建有大型寺庙和平台等石制建筑。人们珍视蜂鸟缤纷的色彩，用它们成千上万闪闪发光的羽毛装饰衣服和配饰。很不幸，这导致了当地蜂鸟的灭绝，在 16 世纪早期，整个城市也沦为废墟。

另外一些文化认为蜂鸟具有魔力，把它们的骨头和器官运用到传统医药中去。很多人相信，蜂鸟能带来好运，所以会在脖子上戴上蜂鸟标本当作护身符。墨西哥画家弗里达·卡罗就有一幅 1940 年的绘画作品《荆棘（jīng jí）项链和蜂鸟的自画像》，现藏于美国奥斯汀得克萨斯大学的哈里·兰森中心内。

如今，蜂鸟的崇拜者用喂食器将蜂鸟请进自家后院和花园里。20世纪30年代早期，韦伯斯特在看完《国家地理》杂志中一篇有关玻璃瓶给蜂鸟喂水的文章后，设计了首款现代蜂鸟喂食器。1947年，《国家地理》杂志报道了一项有关摄影的新发明——闪光灯，用来演示这项技术的照片当中，正好就有蜂鸟在韦伯斯特喂食器前的场景。自此，蜂鸟喂食器风靡各地，从放着倒置苏打水瓶的塑料盘到精美的吹制玻璃艺术，设计形式五花八门。

蜂鸟爱好者为了将小鸟们引来身边，积累了丰富的经验，他们知道颜色在其中至关重要。由于蜂鸟更容易被红色所吸引，所以许多蜂鸟喂水器都用了这种颜色。虽然蜂鸟在空中悬停时也可以进食，但最好的蜂鸟喂水器还是设计了栖枝。这样，蜂鸟在吃东西的时候，就能保存大量的能

蜂鸟舌头的舔食速度极快，每秒可舔蜜十三次。

人类对蜂鸟一直关爱有加，经常拯救和治疗被遗弃和受伤的蜂鸟。

量。人们可以买到蜂鸟食，不过最简单的方法是用一份白糖兑四份清水，制作类似花蜜的蜂鸟食。

有几本书捕捉到了蜂鸟的精神。 如 1995 年由 Ekkehart Malotki 与 Michael Lomatuway'Ma 创作的《魔力蜂鸟：霍皮人的民间故事》是一本关于美洲印第安的万物起源故事，其中讲述了蜂鸟如何把食物和水带给人类。1995 年 Linda Yamane 的故事集包含了一则寓言，讲述了蜂鸟如何把火带给加利福尼亚州北部的土著奥龙尼人。Michael Rose Ramirez 的《蜂鸟传奇：波多黎各寓言》（1998）讲述了一个传统民间故事：来自敌对部落的一对男女坠入了爱河，为了能在一起，女孩变成了红花，男孩变成了蜂鸟。

蜂鸟在电影中并不常见，不过 1995 年迪士尼动画片《风中奇缘》中就有一只。Flit 是一只拥有强烈独立意识的蜂鸟，是一个名叫波卡洪塔斯的美洲印第安女孩（主角）的朋友。Flit 经常停落在她的手上，为她提供意见。现实中，大多数野鸟

会不顾一切地远离人类，而蜂鸟能学着信任人类，停落在喂食者手上。蜂鸟经过训练甚至能够记住地点和人物，年复一年，归去又来，为我们的世界提供鲜活的色彩。

一群蜂鸟有时被称作一盘桓、一束花、一流光，甚至是一首歌。

蜂鸟

戴维·赫伯特·劳伦斯

我能想象，在那莫测的他乡
那原始的世代——愚昧，荒凉
一片静寂之中，忽然听到喘息和嗡嗡的声响
是蜂鸟啊，从天而降。

那时万物没有灵魂
生命如走肉行尸，只是肉体的堆砌
唯有那小不点石破天惊，华丽出场
飞掠过那缓慢、巨大、多汁的根系。

我觉得那时应该没有花朵
在那个天地里，蜂鸟超越了造物的节奏，一闪而过
我相信它用喙刺穿了那慢摇的植物脉络。

也许那时蜂鸟个头大
他们说那时的蝼蚁和壁虎都很大
也许它就是个恐怖的怪物横行霸道
我们倒拿了时间的望远镜
真是大幸。

展翅高飞的蜂鸟

科学家们认为所有的鸟类都由几百万年以前骨骼中空的爬行动物进化而来。将这两类动物联系起来的环节是始祖鸟，它是一种拥有羽翼和爬行动物牙齿的生物，在一亿多年前就灭绝了，而其他似鸟的生物继续进化。目前蜂鸟只在美洲生活，但是根据化石提供的信息，蜂鸟的祖先也生活在三千万年前的欧洲。科学家发现一种叫*Eurotrochilus*的原始鸟，他们相信这便是蜂鸟的直系祖先。这种鸟有细长的喙，U形叉骨（通常叫作Y形骨），还有极细的腿等等特征——都与现代蜂鸟十分相似。

研究表明，大约二百五十万年前，当最后一次大陆冰川开始覆盖欧洲时，早期蜂鸟赖以生存的开花植物灭绝了。它们被迫另寻食物，向着南方飞行，到达世界各地。在这场地球气候变化中，只有在南美洲定居下来的蜂鸟幸存了下来，它们不断进化，又有一部分移居到北美洲。蜂鸟为植

冠头蜂鸟的一些品种长着五彩的头冠，在它们警觉和兴奋时，头冠会竖起来。

在波多黎各和小安的列斯群岛的低海拔地区可以看见绿喉蜂鸟的身影。

物传播花粉，既以这些植物为食，同时也影响了植物的进化。几百万年以来，蜂鸟物种的数量有所增加，吃东西也变得挑食了。

观察紫喉蜂鸟的生活习惯可以了解它们是多么挑食。紫喉蜂鸟来自加勒比海中小安的列斯群岛的山林和空地。这个品种的雄性蜂鸟有笔直的喙，喜欢吃富红蝎尾蕉黄色花朵上的花蜜，这种花长直的花瓣像龙虾的爪子。雌性紫喉蜂鸟的喙同样比较长，但呈弧形，与富红蝎尾蕉的花朵结构正好匹配。蝎尾蕉属的植物完全依赖蜂鸟授粉，它们已经进化到能满足加勒比群岛蜂鸟的饮食需求，这个过程叫互相适应。例如，在圣卢西亚岛上，有的地方富红蝎尾蕉比较罕见，为了适应雄性蜂鸟的需求，解决它们食物来源不足的问题，富红蝎尾蕉进化出了一个黄色花朵的品种，但形状依然可以满足雌性蜂鸟的需求。

喜好温暖气候的蜂鸟，比如紫喉蜂鸟，会终年待在自己的栖息地，而大部分北美洲蜂鸟品种会随着季节迁徙，每年走相同的路线。对于蜂鸟迁徙的研究，各国之间可以展开合作。位于加拿大安大略省西南部的假日海滩迁徙观测台，其总部坐落在密歇根州伊利湖畔，隶属于一个名叫大湖区蜂鸟网的组织，与总部位于南卡罗来纳州约克市的红玉喉北蜂鸟研究组织展开了合作，对红玉喉北蜂鸟在加拿大和南美洲之间来回迁徙模式进行追踪。

这类研究包含了一个流程，叫作戴环。人们通过各种方式，包括设陷阱或网捕，将蜂鸟捕获，并在小鸟的腿上戴上一个金属或者塑料的镯子，叫作"环"，上面印有数字或编码。在鸟儿被释放后几个月或几年之后会被重新捕获，通过绑戴的环来识别身份。这种收集数据的方法对追踪迁徙的鸟儿非常有效。

由于蜂鸟体形娇小，捕捉起来需要十分小心。最常用的抓捕方式是网捕，这种网在结构上类似排球网。在两根柱子之间布上一层几乎看不见的

全球气候变暖会影响蜂鸟的迁徙，造成食物短缺，于是一些物种飞离它们正常的活动范围。

蜂鸟可以看到紫外线光谱，而人类却看不到。

尼龙网，将蜂鸟喂水器周围的三面及顶部包围住。于是蜂鸟就只有一个方向可以进入或逃离网区，这样也有利于研究者将蜂鸟驱赶进网区。即使蜂鸟察觉一面有网，它也很难避免不被其他几面或顶上的网拦住。研究人员会立刻把抓住的鸟儿取走，这样小鸟就不会被网缠住，它们脆弱的翅膀也不会受伤。

蜂鸟被捕后，研究人员会先把它放置在一个柔软的袋子里，这样在研究人员操作的时候，鸟儿就能放轻松。如果蜂鸟还没有被戴环的话，研究人员会给它戴上一个环，如果它的年龄和性别能够确定，还会把这些信息记录下来。蜂鸟的性别可以根据它的身体长度和喙的长度来判断，这些都需要精确测量。另外还需测量的是它的尾巴长度，最后要给蜂鸟称重。红玉喉北蜂鸟通常不超过一个一角硬币的重量。在夏天，它的体重最轻不到 2.8 克，最重不过 3.5 克，在迁徙的过程中，它的体重会多出约 1.4 克。

科学家们估计，一只红玉喉北蜂鸟横跨墨西哥湾大约需要 20 小时。

　　对于被捕获的蜂鸟，研究人员会收集和记录它的所有数据。他们会给蜂鸟喝一口糖水作为能量补给，然后将它释放。整个过程仅持续几分钟，在此期间，蜂鸟不会受到任何伤害。几个月之后，这个过程需要重来一遍，这些蜂鸟会被重新捕获，用于记录其他数据，比如它们的生长状况、羽毛的损坏情况和喙的磨损程度。为了节省时间，也避免蜂鸟过度紧张，每一次重新捕获的时候，它们身上的环会被涂上一种特别的颜色，用来帮助

科氏蜂鸟在美国西部地区生活，以仙人掌的花蜜为生。

研究人员了解这只鸟是否已经被重新捕获，信息是否已经记录过。如果一只刚被重新抓住过的蜂鸟又被捕获，就会被立刻放走。

在持续进行的蜂鸟研究中，最成功的要数图桑市的亚里桑那–索诺拉沙漠博物馆，那里的鸟舍里住着科氏蜂鸟、宽喙蜂鸟、黑颏（kē）蜂鸟、安氏蜂鸟和星蜂鸟，它们在一个巨大的、恒温控制的场所里自由飞翔。研究人员在那里观察蜂鸟的交配、筑巢和哺育后代的情况。自从 1988 年博物馆开馆以来，从这个鸟舍里已经孵化出了一百多只小蜂鸟。

　　哪里有蜂鸟，哪里就有栖息地的争夺战，争夺的对手正是人类。在世界各地，蜂鸟用来筑巢的树木被人类砍伐；人类修筑大坝，蓄积的水又淹没了蜂鸟觅食的草场和草原。虽然大部分蜂鸟品种的数量比较正常，但还是有许多种蜂鸟流离失所，处于危险的境地。对于蜂鸟需求和习惯的研究和教育需要继续进行下去，这样才能保证这些天空中的"宝石"能飞得更高。

蜂鸟有五彩的喉片，叫作护喉甲，得名于盔甲上铁质或皮革的护喉部分。

动物寓言：蜂鸟为何五彩斑斓？

蜂鸟的飞行能力无与伦比，它们色彩缤纷的羽毛也尽人皆知。这则寓言来自中美洲古老的玛雅民族，讲述了蜂鸟如何成为最光鲜亮丽的鸟类。

大神灵创造了蜂鸟，她是一只娇弱的小鸟，可以向后飞行或在原地盘旋——这些独特之处没有其他鸟儿可以媲美。但是蜂鸟长相平平，一身灰褐色，羽毛的颜色暗沉，双脚笨拙。尽管如此，蜂鸟欢快善良，为自己出众的飞行能力感到自豪。

直到有一天，蜂鸟即将成婚。所有身披羽毛的朋友都帮着准备婚宴，欢快地唱起了爱与幸福时光之歌。可是蜂鸟没有好看的衣服，尽管她平常一直乐呵呵，但此时她也怕丈夫失望，这可是大神灵为她精挑细选的夫婿。

于是蜂鸟的朋友们决定给她做嫁衣。鲜艳夺目的绿咬鹃，拔下了几根他脖子周围的鲜红色羽毛，送给蜂鸟当项链。她激动不已。

尤卡坦鹦鹉拔下自己最绚丽的绿色羽毛给蜂鸟做礼服。尤卡蓝鸦也把自己背上和翅膀上闪闪发光的青绿色羽毛贡献给蜂鸟。

蓝冠翠鸰不甘人后，自愿把翠绿色和青绿色的羽毛送给蜂鸟。尤卡坦啄木鸟也献上了头顶鲜红色的羽毛和前胸闪闪发亮的白色羽毛。

橙色黄鹂是个娴熟的裁缝，她把所有绚丽的羽毛缝制成一件精美的婚纱。一只蜘蛛，编织了美轮美奂的面纱。

不久，婚礼的消息传遍了森林，名叫卡纳克的蜜蜂召集

了她所有的朋友，给婚宴带来了糖果。他们用高高的花瓶装来了花蜜，还带来了一束又一束蜂鸟最爱的花，鲜艳的墨西哥向日葵、红槿花、紫兰花、粉色金钟兰。

最后，婚宴上还摆满了来自最甜的果树的成熟果实，包括橙子、番石榴、木瓜和香蕉，供来宾们享用。斑尾鸽唱起了婚礼歌曲，森林里所有的蝴蝶都为这对新人翩翩起舞。

婚礼大获成功，最甜美的花朵和食物，最动听的音乐，还有蜂鸟一直期望的一群好友。她既感动又幸福，用力拍打翅膀，用最快的速度弯弯曲曲地在友人间穿梭，一遍又一遍地表达谢意。

大神灵对蜂鸟向友人表达感激之情感到欣慰，他派去了信使燕子，告诉蜂鸟，在今后的日子里，她可以一直穿着这五彩缤纷的婚礼服。

从那天起，蜂鸟就一直穿着这套衣裳——鲜青绿、翠绿、白色、红色和几乎所有彩虹的闪亮颜色。

小词典

【条件反射】

人和其他动物为适应环境变化而新形成的反射活动。

【嗉囊】

肌性袋,位于一些动物和鸟类的喉咙附近,在消化食物前,用来储存食物。

【哺乳动物】

最高等的脊椎动物,基本特点是靠母体的乳汁哺育后代。除最低等的部分物种是卵生以外,其他哺乳动物全是胎生的。

【新陈代谢】

生物的基本特征之一。生物体不断地从外界取得生活必需的物质,并使这些物质变成生物体本身的物质,同时把体内产生的废物排出体外,这种新物质代替旧物质的过程就叫作新陈代谢。

【神话】

神话故事的集合,或者一些流行的、传统的信仰或故事,解释了一些事物的形成以及与其他人或物的关系。

【冬眠】

某些动物(如蛙、蛇、龟、蝙蝠、刺猬等)在寒冷的冬季休眠,呼吸与心跳减缓的状态。

【卵齿】

鸟类的喙或年幼的爬行动物嘴上的一个坚硬的牙齿状凸起物,专门用来逐渐扩大蛋壳裂缝的器官,以便雏鸟等用身体向上顶卵壳的钝端,使卵壳破裂而出壳。一般雏鸟出壳后数小时卵齿即脱落,只有鸮等一些鸟类保留一周以上。

【地衣】

低等生物的一类,是藻类与真菌的共生联合体,种类很多,生长在地面、树皮或岩石上。

【进化】

事物由简单到复杂,由低级到高级逐渐发展变化。

【灭绝】

完全灭亡,一个物种或事物的终结或绝迹。

【全球变暖】

一种和自然有关的现象。由于人们焚烧化石燃料,如石油、煤炭等,或砍伐森林并将其焚烧时会产生大量的二氧化碳,导致地球温度上升,地球温度的逐渐上升,在全球范围内造成气候或者长期天气条件的改变。全球变暖会使全球降水量重新分配、冰川和冻土消融、海平面上升等,不仅危害自然生态系统的平衡,还威胁人类的生存。

【鸟类学家】

研究鸟类及其生活习性的科学家。

【花粉】

种子植物特有的结构,为花朵里的粉粒,多是黄色的,也有青色和黑色的。每个粉粒里都有一个生殖细胞。

【授粉动物】

在植物间传粉,辅助植物繁殖的动物或昆虫。

【文化】

人类在社会历史发展过程中所创造的物质财富和精神财富的总和。

部分参考文献

Chambers, Lanny. "About Hummingbirds." Hummingbirds.net. http://hummingbirds.net/about.html.

Gates, Larry, and Terrie Gates. "The Hummingbird Web Site." Hummingbird World. http://hummingbirdworld.com/h/.

Howell, Steve. Hummingbirds of North America: A Photo- graphic Guide. Princeton: Princeton University Press, 2003.

Kaminski, Thomas. Hummingbirds! Beauty and the Beast. VHS. Rolling Hills Estates, Calif.: Avian Video Center, 2009.

Tilford, Tony. The Complete Book of Hummingbirds. San Diego: Thunder Bay Press, 2009.

Toops, Connie. Hummingbirds: Jewels in Flight. Osceola, Wisc.: Voyageur Press, 2005.

注意:

我们力保以上罗列的网站在本书出版之际仍保持运营。但由于互联网的特性,我们不能确保这些网站能无限期活跃,也不能保证里面的内容不会改变。

*本书动物科学知识由浙江大学动物科学学院徐子叶女士审订。

在密歇根州底特律动物园里，蝴蝶和蜂鸟花园是一部分秘鲁蜂鸟的家。